Manuel López Mateos

MATEMÁTICAS BÁSICAS

2017

Primera edición impresa en López Mateos Editores, 2017
©2017 López Mateos Editores, s.a. de c.v.
    Camino al Seminario 78
    Tercera Sección
    San Pablo Etla, Oax.
    C.P. 68258
    México

ISBN-13: 978-1973825470
ISBN-10: 1973825473

Información para catalogación bibliográfica:
    López Mateos, Manuel.
    Matemáticas básicas / Manuel López Mateos — 1a ed.
    vi–60 p. cm.
    ISBN-13: 978-1973825470
    ISBN-10: 1973825473
1. Matemáticas 2. Números 3. Naturales 4. Enteros 5. Racionales 6. Reales I. López Mateos, Manuel, 1945- II. Título.

Todos los derechos reservados. Queda prohibido reproducir o transmitir todo o parte de este libro, en cualquier forma o por cualquier medio, electrónico o mecánico, incluyendo fotocopia, grabado o cualquier sistema de almacenamiento y recuperación de información, sin permiso de López Mateos Editores, s.a. de c.v.

Producido en México Printed by CreateSpace

lopezmateos.com.mx
ISBN-13: 978-1973825470
ISBN-10: 1973825473

Índice general

	Introducción	v
1	Correspondencias	1
2	Naturales y enteros	4
3	La recta numérica	7
4	Suma de enteros	10
5	Substracción de números enteros	13
6	Signos	17
7	Multiplicación de números enteros	20
8	Factor Común	24
9	La división	25
10	Fracciones	28
11	Simplificaciones	36
12	Mediciones	38

13 Decimales	43
14 Irracionales	49
15 El continuo	53
Bibliografía	57
Índice alfabético	58
Símbolos y notación	60

Introducción

Ésta es una versión ampliada del folleto con el mismo título publicado en la serie *Notas de Clase* con el número 84 de la colección *Vínculos Matemáticos*, de la Facultad de Ciencias de la Universidad Nacional Autónoma de México (UNAM).

Se trata de una presentación sencilla de los números en la recta real que suelo usar como material preparatorio para un curso de cálculo elemental.

Comienza con los números naturales usados para contar, pasa por los racionales para repartir y termina con los decimales usados para medir.

Agradezco la colaboración de Gerardo Martínez Santos en la tipografía y varias figuras.

Manuel López Mateos
manuel@cedmat.net
http://cedmat.net
21 de julio de 2017

1

Correspondencias

Mucho antes de que la humanidad construyera el concepto de número utilizaba, sin embargo, una manera primaria de *contar* que consistía, realmente, en *comparar*.

Cuando los pastores de la antigüedad sacaban sus rebaños del redil solían depositar una piedrecilla en una bolsa por cada oveja que salía; al caer la tarde, al regresar, sacaban una piedra por cada oveja que entraba. De esta manera sabían si el rebaño regresaba, o no, completo. Si al entrar el rebaño quedaba alguna piedra, ello era señal de que faltaba una oveja. Si al entrar el rebaño se terminaban las piedras y seguían llegando ovejas, significaba que traían ovejas de más (ya iría a reclamarla el pastor que tuviera menos ovejas que piedras en su bolsa).

Esta manera de *comparar* consistía en establecer una correspondencia, llamada **biunívoca**, entre las ovejas del rebaño y un conjunto de piedras (las depositadas en la bolsa): a cada oveja le correspondía una piedra, y cada piedra representaba (más que representar, era la correspondiente) a una oveja. Con este método de comparación podemos establecer fácilmente cuándo un conjunto tiene **más** elementos que otro. La figura (1.1) ilustra dos conjuntos, A y B. Los elementos de A son esos pequeños cuadrados □ y los elementos de B son los círculos con una cruz ⊗. Comparemos estos dos conjuntos,

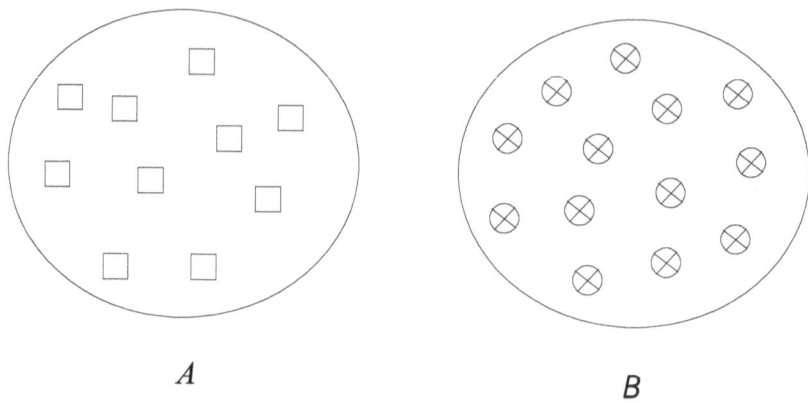

Figura 1.1 Un conjunto tiene más elementos que el otro.

vemos que *a cada* cuadrado le podemos asociar un círculo como pareja, y vemos también que sobran círculos; hay círculos que no son pareja de cuadrado alguno. Esto significa que hay más círculos en el conjunto B que cuadrados en el conjunto A: El conjunto B tiene *más elementos* que el conjunto A.

Si entre dos conjuntos podemos establecer una correspondencia biunívoca (Figura 1.2), presenciamos una propiedad común a los dos conjuntos, hoy día lo decimos muy fácil: los dos conjuntos tienen el mismo número de elementos. Sin embargo fue todo un proceso lograr expresar la existencia de dicha correspondencia como una relación entre los elementos y el conjunto, a saber *el número de elementos en el conjunto*.

También es parte de este proceso la identificación de dicho *número de elementos* mediante un símbolo.

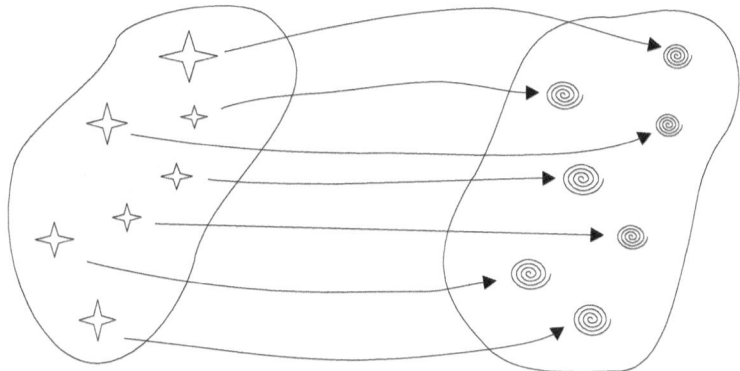

FIGURA 1.2 Los conjuntos tienen el mismo número de elementos.

FIGURA 1.3 El conjunto tiene 7 elementos.

2

Naturales y enteros

Así como en la Figura 1.3 mostramos un conjunto de 7 elementos, podemos hablar de otros conjuntos, digamos, el conjunto de extremidades inferiores de un ser humano tiene 2 elementos, o el conjunto de semanas en un año tiene 52 elementos, pero el proceso que nos lleva de considerar conjuntos con *más* o con *menos* elementos hasta considerar conjuntos con un determinado *número de elementos*, no se detiene ahí.

Más adelante, con un grado mayor de abstracción se consideraría solamente el *número*, sin relacionarlo con cierta cantidad de elementos, o, si se quiere, el número 7 como representante de todos los conjuntos con 7 elementos, construyendo así el conjunto de los *números naturales* que simbolizamos con la letra $\mathbb{N}$:

$$\mathbb{N} = \{0, 1, 2, 3, \ldots, n, n+1, \ldots\}.$$

Si cada número natural n representa los conjuntos de n elementos, el número 0 representa a los conjuntos que no tienen elementos que, aunque parezca raro, existen, un ejemplo de dicho conjunto es el conjunto de sillas que saben cantar *El Manicero*.

Utilizando este conjunto de números naturales podemos explicar el significado de las operaciones elementales.

Al preguntar cuál es el resultado de sumar dos números naturales, digamos el 3 y el 7, en realidad hacemos la siguiente pregunta: Si tenemos un conjunto de 3 elementos y le añadimos 7 elementos nuevos y distintos, como en la Figura 2.1, ¿cuántos elementos tiene el nuevo conjunto?

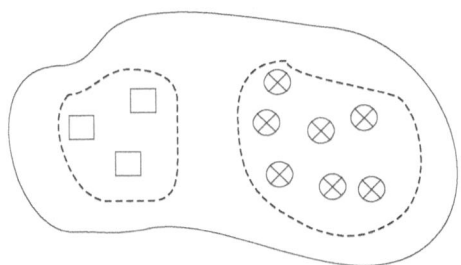

Figura 2.1 $3 + 7 = 10$.

Claramente la respuesta consiste en contar los elementos del nuevo conjunto y ver que son 10. ¡Sumar significa añadir! De la misma manera vemos que restar significa disminuir, quitar elementos a un conjunto, si tengo 5 naranjas sobre la mesa y retiro 2, ¿cuántas quedan? Todos sabemos que la respuesta es 3.

Sin embargo no siempre es posible efectuar restas con números naturales, si, en el caso de las naranjas sobre la mesa, en lugar de quitar 2, intentáramos quitar 9, no podríamos ¡sólo hay 5! En la escuela nos decían que $5 - 9$ *no se puede*, lo cual es verdad si hablamos de los números naturales. Precisamente, para que tenga sentido ese tipo de substracción, *extendemos* los números al conjunto de *números enteros*, simbolizados por la letra $\mathbb{Z}$,

$$\mathbb{Z} = \{0, 1, -1, 2, -2, 3, -3, \ldots\}.$$

2. Naturales y enteros

Este conjunto de números enteros consta de los números naturales, ya conocidos, añadiendo los *números negativos*. Estos números pueden representar *ausencia de elementos,* como en el caso de las naranjas: tenemos 5 y pretendemos quitar 9, podemos retirar las 5 disponibles pero para poder *quitar* 9 naranjas harían falta 4 más. Lo expresamos diciendo que 5 menos 9 son *menos* 4 y lo escribimos

$$5 - 9 = -4.$$

3

La recta numérica

UNA REPRESENTACIÓN fundamental de los números enteros que nos permitirá comprender las operaciones definidas entre ellos, es la *recta numérica*.
Tracemos una recta, puede ser cualquiera, para comodidad la elegimos horizontal; elijamos, además, una *orientación* misma que nos indicará cuál es la *dirección positiva*, es costumbre considerar la dirección positiva la que va de izquierda a derecha en la recta horizontal trazada; marcamos esta dirección con una flecha en el extremo derecho.

FIGURA 3.1 Recta dirigida.

Sobre esta *recta orientada* señalamos un punto arbitrario que llamaremos el *cero* o el *origen*, y del cero hacia la dirección positiva señalamos otro punto cualquiera y lo llamamos el *uno*, al segmento comprendido entre el cero y el uno lo llamamos *segmento unidad*.

Será fácil representar sobre la recta cualquier número entero, ya sea positivo (los números naturales también se lla-

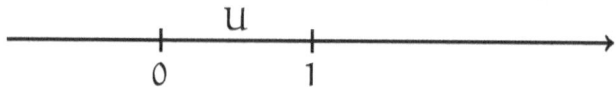

Figura 3.2 Al segmento U lo llamamos *unidad*.

man *números enteros positivos*), o negativo.

Si queremos localizar el lugar correspondiente al número 6, basta transportar mediante un compás la *longitud* del segmento unidad seis veces, una a continuación de otra, como en la Figura 3.3, partiendo del cero y *hacia la dirección positiva* de la recta, también llamada *eje*.

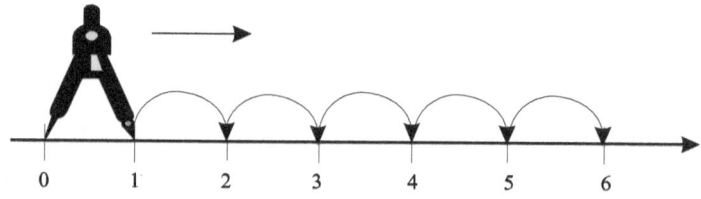

Figura 3.3 Localización del lugar del 6.

Para localizar el sitio que corresponde al −4 transportamos *cuatro veces* la longitud del segmento unidad una a continuación de otra, partiendo del cero, pero ahora *hacia la dirección negativa* del eje, es decir, hacia la dirección contraria de aquella que elegimos como positiva.

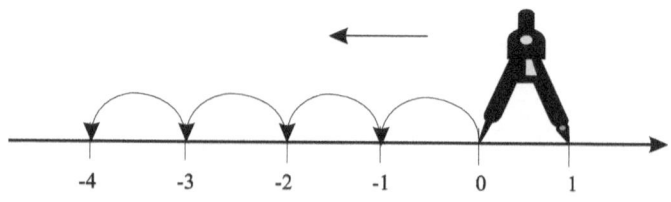

Figura 3.4 Localización del lugar del −4.

Es claro que mediante este procedimiento podemos localizar en la recta, cualquier número positivo o negativo, basta tener la recta orientada, señalado el origen y la longitud de la unidad.

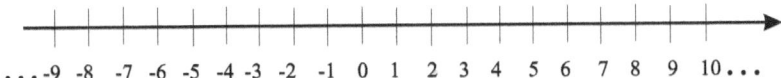

Figura 3.5 Los números enteros en la recta numérica.

Ahora tenemos a nuestra disposición, para efectuar operaciones, todos los números enteros; es decir, podemos preguntarnos cuál es la suma de −5 más 11, o la diferencia de 3 menos el −6.

Esto es, podemos preguntarnos el resultado de operaciones como las siguientes: $(-5)+11$, $3-(-6)$, $7+2$, $10-4$, $(-6)-(-2)$, $(-4)+(-7)$, $2-8$, $(-3)-4$, $4+(-4)$.

4

Suma de enteros

Describamos cómo se efectúan dichas operaciones. Comencemos por la *suma*, hagamos la suma $3+7$. Para ello debemos efectuar un desplazamiento desde el cero hasta el primer sumando, en este caso el 3, y de ahí nos desplazamos el número de unidades indicado por el segundo sumando. Los desplazamientos serán hacia la derecha si el sumando es positivo, o hacia la izquierda en caso de que el sumando sea negativo; en el caso que nos ocupa (Figura 4.1) tenemos

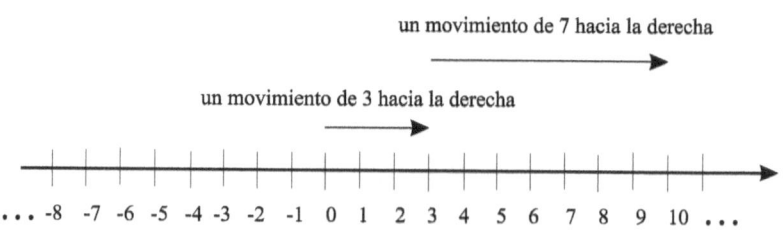

Figura 4.1 es decir, $3+7=10$.

Efectuemos la suma $(-5)+11$ con ayuda de la recta numérica de la Figura 4.2,

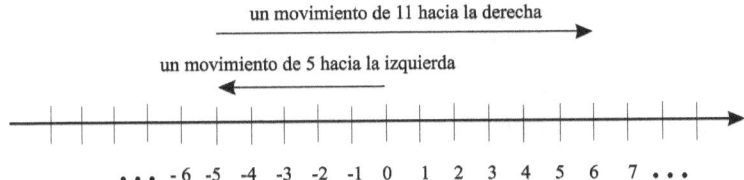

Figura 4.2 con lo cual obtenemos $(-5) + 11 = 6$.

Consideremos ahora la suma $(-4) + (-7)$, hagámosla con la ayuda de la recta numérica de la Figura 4.3,

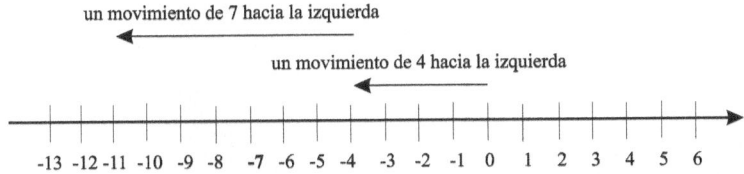

Figura 4.3 es decir, $(-4) + (-7) = -11$.

Realicemos la suma $3 + (-5)$, con ayuda de la recta numérica de la Figura 4.4,

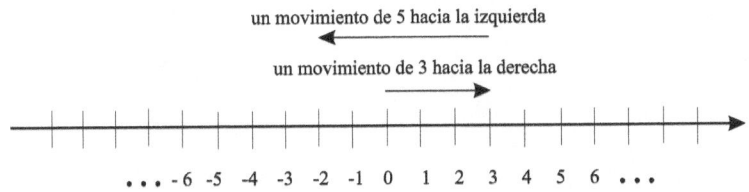

Figura 4.4 es decir, $3 + (-5) = -2$.

Entonces, para sumar dos números enteros con la ayuda de la recta numérica, partimos del cero, de ahí efectuamos un desplazamiento según las unidades del primer sumando, el movimiento será, a la derecha si el sumando es positivo, o a la izquierda si es negativo. Desde este punto se efectúa un segundo desplazamiento, cuya longitud está determinada por las unidades del segundo sumando, y la dirección del movimiento por su *signo* (a la derecha si es positivo, o a la izquierda si es negativo).

5

Substracción de números enteros

PARA LAS SUBSTRACCIONES utilizamos esa idea de *ausencia* mencionada en el Capítulo 2, así, efectuar la resta $7-5$ será equivalente a responder la pregunta; ¿cuánto le falta a 5 para llegar a 7? o, dicho de otra manera, ¿qué número hay que sumar a 5 para obtener 7? Si a ese número que buscamos lo representamos por x podemos expresar la última pregunta, simbólicamente, como

$$5 + x = 7.$$

Así, efectuar la resta $7-5$ significa *resolver la ecuación* anterior, es decir, hallar el valor de x que sumado a 5 nos de 7. En este caso sabemos que la respuesta es $x = 2$, ya que $5 + 2 = 7$. También podemos ayudarnos con la recta numérica para hallar la solución.

Localicemos, en la recta numérica, el número del cual partimos, en este caso el 5, y el número al cual queremos llegar, en este caso el 7. Ahora efectuemos un movimiento desde el punto inicial 5 hacia el punto final 7, ilustrado en la Figura 5.1.

5. Substracción de números enteros

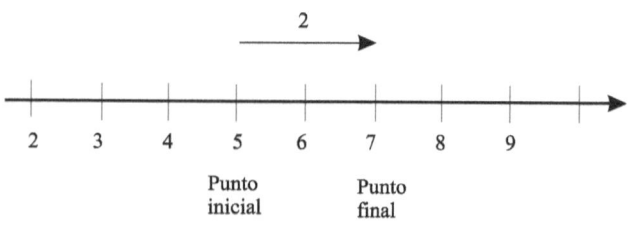

Figura 5.1 Desplazamiento de dos unidades hacia la *derecha*.

Se trata de un desplazamiento de dos unidades hacia la *derecha* y por lo tanto es positivo. Entonces, $7 - 5 = 2$ porque $5 + 2 = 7$.

Efectuemos la resta $2 - 8$, es decir respondamos a la pregunta ¿cuánto le falta a 8 para ser igual a 2? o, simbólicamente, ¿para qué valor de x tenemos que $8 + x = 2$? Ayudémonos con la recta numérica, localicemos 8 y de ahí nos desplazamos hasta el 2, como se ilustra en la Figura 5.2.

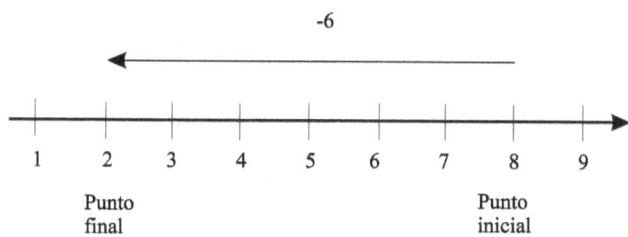

Figura 5.2 6 unidades hacia la *izquierda*.

Se trata de un desplazamiento hacia la *izquierda*, por lo tanto es *negativo*. La longitud del desplazamiento es de 6 unidades, entonces el número x buscado es −6; es decir:

$$2 - 8 = -6 \quad \text{porque} \quad 8 + (-6) = 2.$$

Hagamos ahora la resta $(-6) - (-2)$, es decir, queremos saber cuánto le falta a −2 para ser igual a −6, dicho de otra forma, queremos saber para qué valor de x tenemos que $(-2) + x = (-6)$.

Localicemos -2 en la recta numérica y desde ahí, como se ilustra en la Figura 5.3, efectuemos un desplazamiento hasta -6.

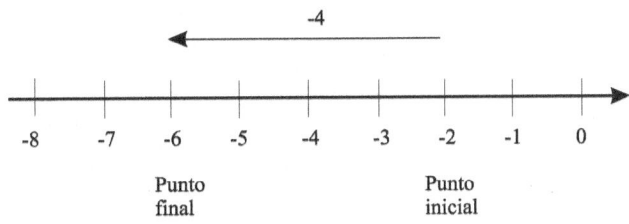

FIGURA 5.3 4 unidades hacia la *izquierda*.

Se trata de un desplazamiento hacia la *izquierda* y, por lo tanto, es *negativo*. La longitud del desplazamiento es de 4 unidades. Entonces el valor de x buscado es -4, es decir

$$(-6) - (-2) = -4 \quad \text{porque} \quad (-2) + (-4) = -6.$$

Ahora queremos saber cuánto es $4 - (-3)$, es decir ¿cuánto le falta a -3 para ser igual a 4? o simbólicamente, ¿para qué valor de x tenemos $(-3) + x = 4$? Localicemos en la recta numérica -3 y desde ahí efectuemos un desplazamiento hasta 4, como se ilustra en la Figura 5.4.

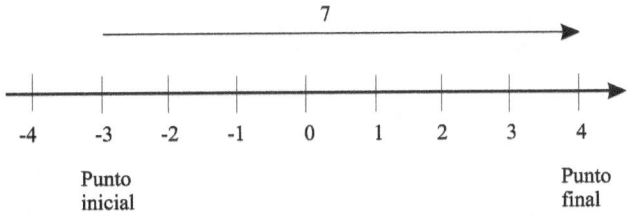

FIGURA 5.4 7 unidades hacia la *derecha*.

5. Substracción de números enteros

Se trata de un desplazamiento hacia la *derecha* y por lo tanto es *positivo*. La longitud de desplazamiento es de 7 unidades. Por lo tanto el valor de x buscado es 7, es decir

$$4 - (-3) = 7 \quad \text{porque} \quad (-3) + 7 = 4.$$

EJERCICIOS

1. Hacer la siguientes sumas:

   a) $9 + (-2)$,
   b) $(-7) + (-5)$,
   c) $2 + 8$,
   d) $13 + (-5)$,
   e) $5 + (-1) + 3 + (-5)$,
   f) $4 + (-1) + (-3)$,
   g) $(-3) + 10 + (-8)$.

2. Hacer las restas siguientes:

   a) $(-1) - 14$,
   b) $9 - (-3)$,
   c) $0 - 7$,
   d) $(-7) - (-2)$,
   e) $(-9) - 0$,
   f) $(-7) - (-4)$.

3. Comparar los resultados de los siguientes pares de operaciones:

   a) $5 - (-2)$, $\quad 5 + 2$.
   b) $3 - (-6)$, $\quad 3 - 6$.
   c) $-7 + 1$, $\quad 7 - 1$.
   d) $11 - (-8)$, $\quad 11 + 8$.
   e) $-6 + 8$, $\quad -6 - (-8)$.
   f) $4 + 7$, $\quad -4 - 7$.
   g) $-6 + 11$, $\quad 6 - 11$.
   h) $13 - 7$, $\quad -13 + 7$.
   i) $-8 - 7$, $\quad 8 + 7$.
   j) $-9 + 4$, $\quad -9 - 4$.
   k) $6 - 5$, $\quad 6 + (-5)$.
   l) $-8 - 2$, $\quad -8 + (-2)$.
   m) $13 - (-2)$, $\quad 13 + 2$.
   n) $-6 - (-3)$, $\quad -6 + 3$.
   o) $-1 - 4$, $\quad -1 + (-4)$.
   p) $5 - 6$, $\quad 5 + (-6)$.
   q) $5 - 5$, $\quad 5 + (-5)$.
   r) $7 + (-7)$, $\quad 7 - 7$.

4. ¿Qué *leyes* podemos inferir de las observaciones realizadas en el ejercicio anterior?

6

Signos

CADA NÚMERO ENTERO tiene su *simétrico*; el resultado de sumar un número con su simétrico es el *cero*. Así, el simétrico de 4 es -4 y el simétrico de 13 es -13, porque $4+(-4)=0$ y $13+(-13)=0$. A su vez, el simétrico de -13 es $-(-13)$ y el simétrico de -4 es $-(-4)$, ello significa que $(-13)+(-(-13))=0$ y que $(-4)+(-(-4))=0$. De aquí, y del capítulo anterior, obtenemos el siguiente resultado:

$$(-4)+4=0$$
$$(-4)+(-(-4))=0.$$

Podemos entonces concluir que

$$4=-(-4),$$

lo cual significa que tanto el 4 como el $-(-4)$ son simétricos del -4, o, dicho de otra manera, inducimos que:

> El simétrico del simétrico de un número, es el número mismo.

6. Signos

También observamos que

$$(-13) + 13 = 0$$
$$(-13) + (-(-13)) = 0.$$

De donde deducimos que

$$13 = -(-13).$$

En realidad esto sucede para todos los números enteros.

En los ejercicios anteriores pudimos observar que es posible expresar un resta, digamos $5 - 9$, como una suma, empleando el simétrico, en este caso: $5 - 9 = 5 + (-9)$. Esto es posible en todos los casos; si utilizamos las letras a y b para representar dos enteros cualesquiera, es cierto que

$$a - b = a + (-b), \qquad (6.1)$$

lo cual se puede leer: a menos b es igual a sumar a más el simétrico de b. También podemos expresar simbólicamente la conclusión sobre el simétrico del simétrico: diremos que para cualquier número entero a, se tiene que

$$a = -(-a).$$

De las observaciones en los ejercicios anteriores también podemos inducir que el simétrico de una suma es la suma de los simétricos, es decir

$$-(a + b) = (-a) + (-b)$$

que, utilizando la fórmula (6.1), podemos expresar como

$$-(a + b) = -a - b.$$

Así, podemos escribir $-3 - 5 = -(3 + 5) = -8$.

EJERCICIO

1. Realizar las operaciones siguientes:

   a) $-(7+1)-6$,
   b) $13-15$,
   c) $(-8+10)-5$,
   d) $(11-4)-(3-(-6))$,
   e) $((-5)+6)-2$.

7

Multiplicación de números enteros

EL PRODUCTO DE DOS FACTORES expresa, en realidad, una suma repetida. La interpretación de dicha suma depende del signo de los factores: Cuando el primero es *positivo* indica el número de veces que hay que sumar el segundo factor, ya sea positivo o negativo. Así, por ejemplo:

$$3 \times 4 = \underbrace{4 + 4 + 4}_{3 \text{ veces}}$$

$$5 \times (-2) = \underbrace{(-2) + (-2) + (-2) + (-2) + (-2)}_{5 \text{ veces}}.$$

Ilustremos con la recta numérica de las Figuras 7.1 y 7.2.

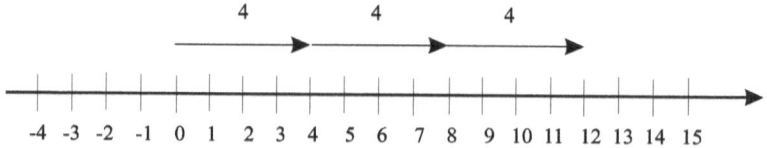

FIGURA 7.1 $3 \times 4 = 12$.

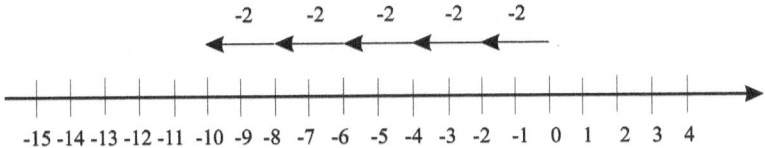

Figura 7.2 $5 \times (-2) = -10$.

Cuando el primer factor es *negativo* nos fijamos en el número de unidades, independientemente del signo, ellas nos indican el número de veces que hay que sumar el *simétrico del segundo factor*, por ejemplo el producto $(-6) \times 7$ significa que hay que sumar 6 veces el simétrico de 7, es decir

$$(-6) \times 7 = \underbrace{(-7) + (-7) + (-7) + (-7) + (-7) + (-7)}_{6 \text{ veces}}.$$

Del caso anterior podemos deducir que esta última suma no es más que el producto de $6 \times (-7)$, es decir

$$(-6) \times 7 = 6 \times (-7).$$

Veamos algunos ejemplos:

1. Efectuar la multiplicación 3×8.

$$3 \times 8 = \underbrace{8 + 8 + 8}_{3 \text{ veces}} = 24.$$

2. ¿Cuánto es $5 \times (-12)$?

$$5 \times (-12) = \underbrace{(-12) + (-12) + (-12) + (-12) + (-12)}_{5 \text{ veces}} = -60.$$

3. Encontrar el resultado de $(-2) \times 7$.

$$(-2) \times 7 = \underbrace{(-7) + (-7)}_{2 \text{ veces}} = -14$$

Nótese que $(-2) \times 7 = 2 \times (-7)$.

7. Multiplicación de números enteros

4. Efectuar la multiplicación $(-6) \times (-4)$. Noten dos cosas. Primera: el simétrico de -4 es 4.

$$(-6) \times (-4) = \underbrace{4+4+4+4+4+4}_{6 \text{ veces}} = 24$$

Segunda: $(-6) \times (-4) = 6 \times 4$.

Observando estos ejemplos y realizando otros podemos inducir dos reglas que son válidas para cualquier producto de enteros:

1. Si los dos factores tienen el mismo signo, el resultado es positivo.

2. Si los dos factores tienen signo distinto, el resultado es negativo.

El ejemplo siguiente nos ilustra otra regla que comúnmente se enuncia como:

> El orden de los factores no altera el producto.

Ejemplo Efectuar la múltiplicación $7 \times (-3)$.

$$7 \times (-3) = \underbrace{(-3)+(-3)+(-3)+(-3)+(-3)+(-3)+(-3)}_{7 \text{ veces}}$$
$$= -21$$

Invertimos ahora el orden de los factores:

$$(-3) \times 7 = \underbrace{(-7)+(-7)+(-7)}_{3 \text{ veces}} = -21$$

El producto o resultado es el mismo independientemente del orden en que consideremos los factores.

EJERCICIOS

1. Efectuar las siguientes multiplicaciones:

   a) 7×8,
   b) $7 \times (-8)$,
   c) $(-7) \times (-8)$,
   d) $(-7) \times 8$.

2. Efectuar las operaciones siguientes:

   a) $5 \times (4+2)$,
   b) $(-6) \times (7-5)$,
   c) $9 \times (-3-(-4))$,
   d) $(-13) \times ((-4)+(-1))$,
   e) $(7+6) \times (-10-8)$,
   f) $(-3+(-8)) \times (2-5)$.

3. Efectuar las operaciones siguientes:

   a) $(8 \times 3) + (5 \times (-2))$,
   b) $((-3) \times 11) - (4 \times (-7))$,
   c) $(6 \times 4) + (12 \times 4)$,
   d) $((-2) \times 5) - ((-2) \times 8)$,
   e) $4 \times (6+12)$,
   f) $(-2) \times (5-8)$.

8

Factor Común

SI OBSERVAMOS LOS RESULTADOS de las operaciones (c), (d), (e) y (f) del ejercicio 3 anterior podemos obtener conclusiones que también son válidas para casos similares. Cuando efectuamos sumas o restas de números que a su vez son producto de dos enteros, sucede a menudo que dichos productos tienen un *factor común* por ejemplo, los productos 2×6, 2×5, $2 \times (-7)$, tienen un factor común: el número 2 es uno de los factores en cada uno de los productos. Efectuemos la suma de productos

$$(2\times 6) + (2\times(-7)) = \underbrace{(6+6)}_{2\,\text{veces}} + \underbrace{(-7)+(-7)}_{2\,\text{veces}} = 12 + (-14) = -2.$$

El resultado de esta operación es el mismo que si *sacamos el factor común*, sumamos los otros factores y ese resultado lo multiplicamos por el factor común, es decir:

$$(2\times 6) + (2\times(-7)) = 2\times(6+(-7)) = 2\times(-1) = -2.$$

Podemos expresar simbólicamente lo anterior diciendo que si a, b y c son tres números enteros cualesquiera, entonces

$$ab + ac = a(b+c).$$

9

La división

Cuando nos preguntamos el resultado de una división entre números enteros, en realidad nos estamos preguntando cuál es un factor en una cierta multiplicación, la pregunta ¿cuánto es 36 entre 9? se expresa simbólicamente de cualquiera de las maneras siguientes:

$$9\overline{)36}\ ,\quad \frac{36}{9},\quad 36\div 9.$$

Y, como ya dijimos, hace referencia a otra pregunta: ¿Cuál es el número que multiplicado por 9 da 36? Si llamamos x al número en cuestión, podremos expresar simbólicamente la última pregunta como encontrar el número x que cumple con

$$9x = 36.$$

(En este caso se omite la cruz del símbolo de multiplicar.)

Sabemos que $9 \times 4 = 36$, es decir 4 es el número que al multiplicarlo por 9 da 36, esto significa que 4 es el resultado de dividir 36 entre 9. Es común interpretar la división como una *repartición* de cierto número de objetos entre un determinado número de personas, el resultado será la cantidad de

9. La división

objetos que le corresponden a cada persona. En el ejemplo anterior pudiéramos suponer que tenemos 36 naranjas y las vamos a repartir entre 9 niñas, nos preguntamos entonces cuántas naranjas le corresponden a cada niña: la respuesta es que a cada niña le corresponden 4 naranjas.

Ejemplo Efectuar la divisón $21 \div 7$.
Ello equivale a encontrar un número x de manera que al multiplicarlo por 7 de 21, simbólicamente, encontrar x tal que

$$7x = 21.$$

El factor buscado es 3 porque $7 \times 3 = 21$, es decir

$$21 \div 7 = 3.$$

Otro Ejemplo Efectuar la división de $48 \div 6$.
Ésto equivale a encontrar el factor que multiplicado por 6 de 48. Entonces

$$48 \div 6 = 8 \quad \text{porque} \quad 6 \times 8 = 48.$$

En una divisón, el producto conocido se llama *dividendo*; el factor conocido, *divisor* y el factor buscado *cociente*. En el ejemplo anterior 48 es el dividendo, el número 6 es el divisor y el 8 es el cociente.

Plantear una divisón significa descomponer en dos factores un producto dado: el dividendo; donde también está dado uno de los factores: el divisor.

Ejemplo Efectuar la división $(-24) \div 3$.
El producto conocido, o dividendo, es el -24, el factor dado, o divisor, es el 3. La pregunta es: ¿cuál es el factor (al que llamaremos cociente) que multiplicado por 3 da -24? La respuesta es:

$$(-24) \div 3 = -8 \quad \text{porque} \quad 3 \times (-8) = -24.$$

Ejemplo Efectuar la división $(-42) \div (-6)$.
La respuesta es

$$(-42) \div (-6) = 7 \quad \text{porque} \quad (-6) \times 7 = -42.$$

Al efectuar divisiones entre números enteros encontramos dos dificultades principales. Una es que la división *no sea exacta*, es decir que el producto del factor dado por otros ciertos factores, sólo *se aproxima* al producto dado, por ejemplo, efectuemos $15 \div 2$: ¿qué número multiplicado por 2 da 15? Sabemos que $2 \times 7 = 14$ y que $2 \times 8 = 16$; ningún entero multiplicado por 2 da 15. En todo caso podemos expresar el producto dado como el factor dado multiplicado por otro factor, que también llamaremos cociente, y sumado a un *resto* que es la cantidad que le falta a este producto para igualar el producto dado; en este caso el producto dado es 15, lo que podemos expresar como

$$15 = 2 \times 7 + 1,$$

el cociente es 7 y el resto 1.

Para encontrar el cociente y el resto tenemos el conocido método llamado *algoritmo de la división*. Si queremos efectuar la división $5{,}372 \div 21$ lo hacemos así,

```
        255
    21⟌5372
        117
        122
         17
```

Figura 9.1 5,372 entre 21.

El cociente es 255 y el resto o *residuo* es 17. Significa que podemos expresar el producto dado como

$$5{,}372 = 21 \times 255 + 17.$$

10

Fracciones

PARA ILUSTRAR LA OTRA DIFICULTAD nos restringiremos a los enteros positivos; consiste en que si el producto dado es menor que el divisor, entonces no habrá cociente que siquiera aproxime al dividendo cuando lo multipliquemos por el factor dado, por ejemplo la división $7 \div 56$ plantea encontrar un número que multiplicado por 56, de 7 como resultado. La imposibilidad de efectuar esta operación utilizando solamente números enteros nos la ilustraban en la escuela con la dificultad de repartir 7 naranjas, *sin partirlas*, entre ¡56 niñas!

Esta última ilustración esboza una posible solución que sería, precisamente, *partir las naranjas*. Si hay 56 niñas pues partamos *cada naranja* en 56 *partes iguales*, y de cada naranja demos a cada niña una de esas 56 partes (a cada una de esas 56 partes iguales se le llama un *cincuenta y seisavo* de naranja, también se escribe así: un 56-avo de naranja; y simbólicamente se representa así:

$$\frac{1}{56}$$

que significa el resultado de partir la unidad en 56 partes iguales). Como hay 7 naranjas, a cada niña le corresponderán 7 de esos cincuenta y seisavos de naranja. Esto, simbólicamente, se escribe

$$\frac{7}{56}$$

y se lee: *siete cincuenta y seisavos*.

En esta solución, donde repartimos en partes iguales lo que tenemos aunque nadie obtenga la unidad, introdujimos subrepticiamente un nuevo tipo de número, las fracciones.

Ejemplos de fracciones son 1/5, 3/7, 21/44. La primera representa una parte de las obtenidas al dividir en 5 partes la unidad; la segunda nos indica que dividamos la unidad en 7 partes y que consideremos 3 de ellas; la última nos indica que dividamos la unidad en 44 partes y que consideremos 21 de ellas. Notemos, siguiendo este tren de ideas, que también 6/3 es una fracción, estrictamente hablando. Indica que dividamos la unidad en 3 partes; ilustremos en la Figura 10.1 con la recta numérica, y que consideremos la suma de esa

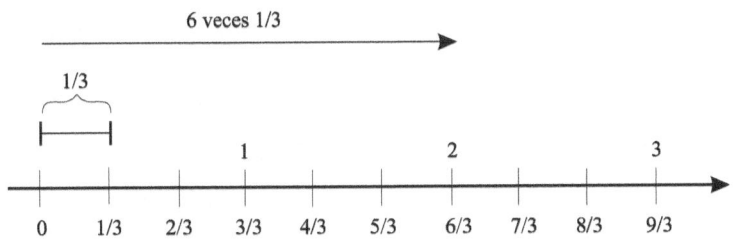

Figura 10.1 Seis veces la fracción 1/3.

fracción, 1/3, 6 veces. Este proceso nos conduce al entero 2 y nos obliga a afirmar que *seis tercios es igual a dos* lo cual es cierto: $6 \div 3 = 2$. ¡Hay consistencia entre nuestro concepto de división y el de fracción!

Vemos entonces que expresiones tales como 13/5, 20/9 o 57/13, también son fracciones.

10. Fracciones

Las *fracciones o números racionales positivos* son los números que expresan la división de dos enteros positivos, en este caso al dividendo se le llama *numerador* y al divisor *denominador*. A las fracciones se les exige que tengan el *denominador distinto de cero* (¿qué significado tiene dividir la unidad en cero partes?).

Estos números racionales positivos también tienen su lugar en la recta numérica.

Localicemos en la recta númerica el lugar de la fracción 13/5. Según nuestra definición, la fracción 13/5 ocupa el lugar señalado al ocupar 13 veces la longitud correspondiente a un quinto de la unidad. El problema se reduce a dividir el segmento unidad en cinco partes iguales, la longitud de una de ellas será precisamente 1/5.

Dividir un segmento de recta dado en un número determinado de partes iguales, constituye un problema de geometría, cuya solución se basa en propiedades de triángulos semejantes y en axiomas que conforman la base de la geometría. A continuación ilustramos el método con un ejemplo.

Ejemplo Dividir el segmento OA en 3 partes congruentes (es decir que tienen la misma longitud).

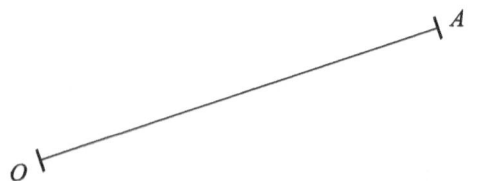

Figura 10.2 El segmento OA.

Para ello trazamos un recta *cualquiera* l que pase por O, pero que no contenga al segmento OA

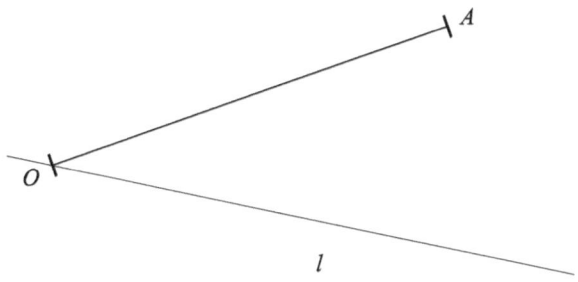

Figura 10.3 La recta l pasa por O, pero no contiene a OA.

Con un compás con abertura *cualquiera, pero sin cambiarla*, señálese, a partir de O y sobre la recta l, 3 veces esa longitud, marcando los puntos P, Q y R

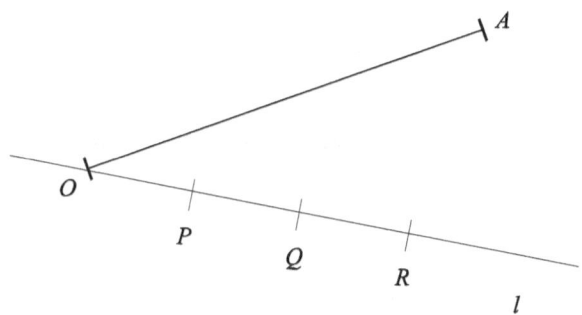

Figura 10.4 Tres partes congruentes sobre l.

A continuación únase los puntos R y A por una recta y trácense paralelas a esta recta por los puntos P y Q obteniendo así los puntos B y C, donde cortan las paralelas al segmento OA.

Los puntos B y C dividen al segmento OA en 3 partes congruentes, como se ilustra en la Figura 10.5.

Volviendo al problema de localizar el lugar de la fracción 13/5 en la recta numérica, aplicamos el método anterior y dividimos el segmento unidad en cinco partes congruentes: Por el origen trazamos una recta, sobre esa recta y a partir

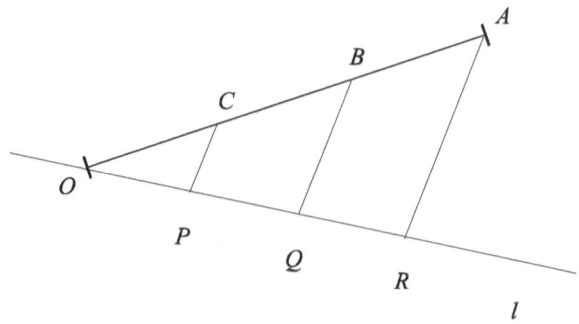

Figura 10.5 Unimos R y A, y trazamos paralelas por Q y P.

del origen marcamos cinco longitudes iguales obteniendo los puntos P, Q, R, S y T; unimos T con el extremo del segmento unidad, con el lugar del número 1. A continuación, por los puntos P, Q, R y S, trazamos paralelas a la recta que une T con 1 y obtenemos los puntos A, B, C y D de corte, como se ilustra en la Figura 10.6. Estos puntos constituyen la división del segmento unidad en cinco partes congruentes.

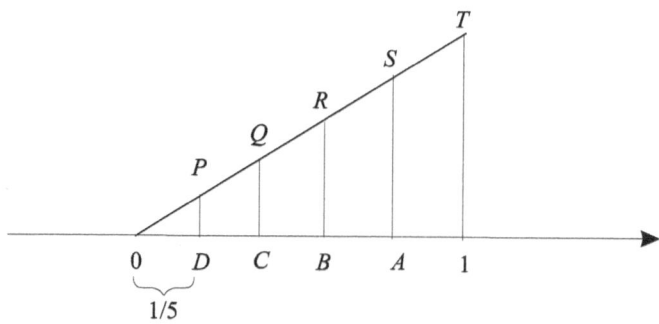

Figura 10.6 Una quinta parte del segmento unidad.

Una vez dividido en cinco partes congruentes el segmento unidad, efectuamos un desplazamiento desde el cero hacia la derecha, de 13 veces esa longitud correspondiente a 1/5.

La Figura 10.7 ilustra dicha localización, se trata de un punto situado entre el 2 y el 3, de hecho a una distancia de 3/5 del 2.

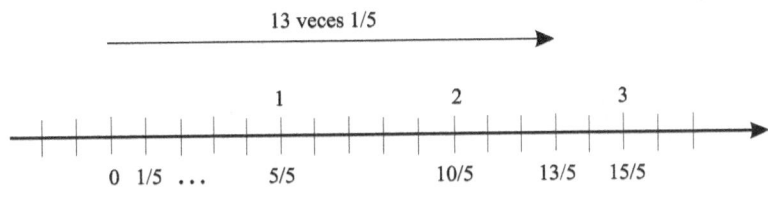

Figura 10.7 $13/5 = 2 + 3/5$.

Con el mismo método podemos localizar cualquier fracción p/q, donde p y q son números enteros positivos y q es distinto de cero: El segmento unidad se divide en q partes congruentes y se hace un movimiento a partir del cero, hacia la derecha, de p veces esa longitud de un q-ésimo. Esto nos sitúa en el lugar de la fracción p/q.

Nótese que a cada fracción le corresponde un lugar en la recta numérica y que a fracciones *iguales* o *equivalentes*, como 4/2 y 10/5; o como 2/6 y 4/12, les corresponde el mismo punto.

También consideraremos las fracciones negativas como las simétricas de las positivas, por ejemplo, la simétrica de 1/5 es −1/5, la de 12/7 es −12/7.

El lugar de −13/5 se encuentra como se ilustra en la Figura 10.8: con un compás hacemos centro en cero y con la abertura correspondiente a la longitud del segmento del cero a la fracción 13/5, señalamos un punto en el lado opuesto de la recta: ese es el lugar de −13/5.

También consideraremos al cero como una fracción, lo cual tiene sentido, por ejemplo 0/3 = 0, ya que si no tengo naranjas y quiero repartirlas entre 3 niñas, pues a cada una le corresponde 0 naranjas.

10. Fracciones

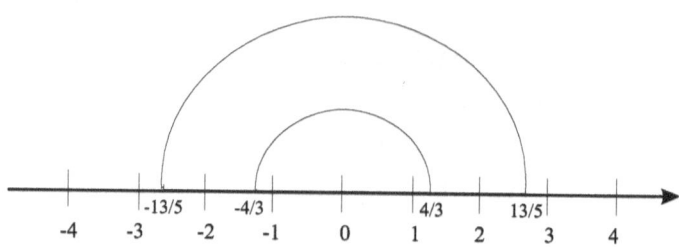

Figura 10.8 El lugar del simétrico.

Nótese además que cualquier número entero es una fracción. Por ejemplo 7 = 7/1, aunque también 7 = 42/6; análogamente −4 = −4/1 o, digamos, −4 = −12/3.

¡Hemos ampliado el conjunto de números a nuestra disposición! Tenemos ahora el conjunto de los *números racionales* o *fracciones*, que representaremos con la letra Q.

Recordemos que cada número natural es a su vez un número entero; vemos ahora que cada número entero es a su vez un número racional. Expresamos simbólicamente esta situación, de la siguiente manera:

$$\mathbb{N} \subset \mathbb{Z} \subset \mathbb{Q}$$

Que se lee: *Los números naturales están contenidos en los números enteros que, a su vez, están contenidos en los números racionales* (el símbolo ⊂ se lee *contenido en*), y significa lo mencionado en el párrafo anterior.

Tenemos ahora nuevos números a nuestra disposicón y con ellos podemos efectuar las operaciones elementales. El significado de las operaciones no varía, sin embargo tenemos aquí maneras de efectuar operaciones entre fracciones reduciéndolas a operaciones entre números enteros. Las reglas son las siguientes:

Si a, b, c y d son números enteros y b y d son diferentes

de cero, entonces:

$$\frac{a}{b} + \frac{c}{d} = \frac{ad+bc}{bd}$$

$$\frac{a}{b} \times \frac{c}{d} = \frac{ac}{bd}$$

$$\frac{a}{b} \div \frac{c}{d} = \frac{ad}{bc}$$

De nuevo, se define la resta como la suma con el simétrico:

$$\frac{a}{b} - \frac{c}{d} = \frac{a}{b} + \left(-\frac{c}{d}\right)$$

Es importante notar que en este caso siempre es posible efectuar la división entre dos fracciones (con el divisor distinto de cero) y el resultado es otra fracción.

EJERCICIOS

1. Localizar en la recta numérica la siguientes fracciones: 2/7, −3/4, 12/4, 7/5, 1/3, −5/2, 6/9, 3/10, −5/10.

2. Efectúa las operaciones siguientes:

a) $\quad \dfrac{3}{5} + \dfrac{2}{8}$ \qquad b) $\quad \dfrac{7}{6} - \dfrac{8}{6}$

c) $\quad \dfrac{4}{11} + \left(-\dfrac{5}{3}\right)$ \qquad d) $\quad \dfrac{2}{3} \times \dfrac{7}{4}$

e) $\quad \left(-\dfrac{6}{8}\right) \times \dfrac{1}{13}$ \qquad f) $\quad \left[\dfrac{5}{7}\left(-\dfrac{2}{13} + \dfrac{3}{2}\right)\right] \div \dfrac{7}{10}$

g) $\quad \left(\dfrac{6}{5} \div \dfrac{1}{8}\right) + \left(\dfrac{2}{15} \times \dfrac{3}{7}\right)$ \qquad h) $\quad \left[\dfrac{6}{9} \times \left(-\dfrac{3}{2}\right)\right] - \left(\dfrac{1}{4} \times \dfrac{9}{12}\right)$

i) $\quad \left(-\dfrac{7}{9} + \dfrac{8}{3}\right) \div \dfrac{10}{11}$ \qquad j) $\quad \dfrac{9}{5}\left(\dfrac{2}{7} - \dfrac{3}{4}\right)$

11

Simplificaciones

HABREMOS NOTADO, al hacer los ejercicios anteriores, que muchas veces es posible expresar una fracción de forma más sencilla, por ejemplo 2/8 = 1/4, o 6/9 = 2/3. El criterio que nos permite establecer la igualdad de dos fracciones es el siguiente:

$$\frac{a}{b} = \frac{c}{d} \quad \text{si sucede que} \quad ad = bc.$$

Entonces, $\frac{2}{8} = \frac{1}{4}$ porque $2 \times 4 = 8 \times 1$

La manera como obtenemos formas más simples de una fracción es detectando si el numerador y el denominador tiene algún factor común, por ejemplo

$$\frac{9}{12} = \frac{3 \times 3}{4 \times 3},$$

esta descomposición de factores puede descomponerse en una multiplicación de fracciones:

$$\frac{9}{12} = \frac{3 \times 3}{4 \times 3} = \frac{3}{4} \times \frac{3}{3}$$

y sabemos que 3/3 es precisamente 1, así, obtenemos

$$\frac{9}{12} = \frac{3 \times 3}{4 \times 3} = \frac{3}{4} \times \frac{3}{3} = \frac{3}{4} \times 1 = \frac{3}{4}$$

que es la forma simplificada; podemos describir este proceso diciendo simplemente que *sacamos tercera al numerador y al denominador*, esto es posible porque ambos son divisibles entre 3.

Otro ejemplo; simplificar 10/4. Sacando mitad al numerador y al denominador obtenemos

$$\frac{10}{14} = \frac{5}{7}.$$

12

Mediciones

Hasta ahora tenemos un conjunto de números, los racionales, con los cuales podemos efectuar las operaciones elementales. Nos ocuparemos ahora de un proceso que la humanidad efectúa desde hace miles de años, el proceso de *medir*. Consideremos el problema siguientes: *Medir la longitud del segmento de recta* AB mostrado en la Figura 12.1.

Figura 12.1 Queremos medir el segmento AB.

Medir la longitud de un segmento significa decir *cuántas veces cabe una unidad prefijada en el segmento dado*, así que para resolver el problema planteado, de medir el segmento dibujado arriba, es necesario disponer de un *segmento unidad o unidad de medición*. Supongamos, para ilustrar el concepto de medir, que la unidad de medición es el segmento mostrado a continuación

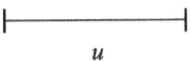

Figura 12.2 Empleamos el segmento unidad u.

Tiene sentido, así, resolver el problema; si trasladamos la longitud u mediante la abertura de un compás y comenzando por A lo llevamos consecutivamente a lo largo del segmento AB, según desprendemos de la Figura 12.3, el segmento u cabe 2 veces en el segmento AB pero no llega a caber 3. Decimos entonces que AB mide 2 unidades u y *fracción*, sin embargo, ésto sólo constituye una primera aproximación.

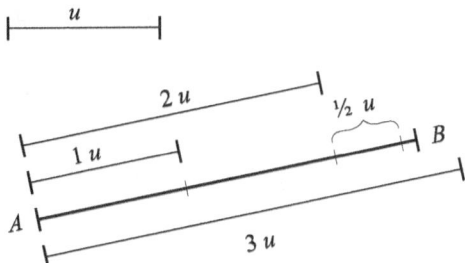

Figura 12.3 Medición de AB. Mide más que 2u pero menos que 3u.

El uso de la frase "...y fracción" conlleva multitud de posibilidades respecto a lograr más y *mejores* aproximaciones. Si analizamos la figura (12.3) vemos que si bien el segmento u no cabe en AB una tercera vez, si cabe la mitad. Podemos entonces decir que AB mide 2 veces y media u, más una fracción. Hemos realizado una segunda aproximación. Si quisiéramos mayor aproximación intentaríamos expresar esa fracción que *queda sin medir* con alguna división de u en partes iguales, y añadirla en la descripción de la medición de la longitud de AB.

Nótese que en este proceso de aproximación empleamos una unidad de medida *prefijada* y la medición quedará expresada en términos de *esa* unidad.

Si cambiáramos la unidad cambiaría la *medición*. No queremos decir con ello que cambie la longitud del segmento AB, esta *longitud* es una, lo que cambia es su *medición* dependiendo de la *unidad* utilizada.

Dos consideraciones de importancia:

La primera es la relación entre contar y medir, recordemos que sumar significa contar, en determinada dirección, en la recta numérica, cierto número de veces el segmento unidad que va de 0 a 1. Como los enteros positivos marcados en la recta numérica señalan el número de veces que se ha transportado la longitud del segmento unidad a lo largo del eje, esto significa que *podemos usar la recta numérica para medir*. Si hacemos coincidir el 0 de la recta numérica con el extremo A del segmento y hacemos coincidir el eje con el segmento AB de manera que B esté del lado de los enteros positivos entonces el punto B coincidirá con algún punto de la recta numérica. El número correspondiente a ese punto será la medición de la longitud en términos de la unidad escogida, en este caso el segmento unidad de la recta numérica: Hemos usado la recta numérica para medir.

La segunda se refiere a la elección de la unidad de medida. Es fácil imaginar los problemas que tendríamos si cada uno de nosotros usara, para medir, unidades distintas, que incluso variáramos cada vez. No tendría sentido comunicar resultados de nuestras mediciones ni comparar mediciones efectuadas con unidades de medida distinta, a menos que conociéramos la relación que guardan entre sí esas unidades. Estos problemas se presentaron realmente en la antigüedad, las mediciones de lienzos en *varas* dependían de la longitud de la vara que usara un comerciante u otro. Actualmente hay lugares donde se venden frutas o granos por *medida*, donde esta *medida* es un cuenco de madera cuyo tamaño varía según el vendedor.

La extención del comercio y la relación entre pueblos más lejanos exigieron la adopción de una determinada unidad de medida de longitud, aceptada socialmente. Esta unidad la conocemos como *metro*. El metro es la unidad de medida socialmente aceptada. Es esa longitud prefijada que mencionamos al definir el proceso de medición.

Ahora bien, si el metro es la unidad de medida prefijada ¿dónde está prefijada?

Con el afán de que esa longitud fuera un invariante en la naturaleza, de manera de poder *recuperarla* cada vez que fuera necesario, se definió el metro como la diezmillonésima parte de la longitud de un cuadrante de meridiano terrestre; esta referencia resultó poco práctica e inexacta.

Posteriormente se construyó una barra de platino iridiado con dos marcas definiendo como metro la longitud entre esas dos marcas (se le llamó el *metro patrón*).

En 1960 se redefinió como: un metro es igual a 1,650,763.73 longitudes de onda, en el vacío, emitida por el isótopo kriptón 86, del nivel $2p_{10}$ al nivel $5d_5$.

El metro volvió a definirse en 1983 como la longitud recorrida por la luz en el vacío en un intervalo de tiempo de 1/299,792,458 de segundo.

Seguramente la definición de metro irá evolucionando conforme avance la ciencia y la tecnología.

Para efectos prácticos, al menos para este folleto, usaremos como unidad el *centímetro* que es una centésima parte del metro, es la longitud obtenida al dividir el metro en cien partes iguales. Al hacer que la longitud del segmento unidad

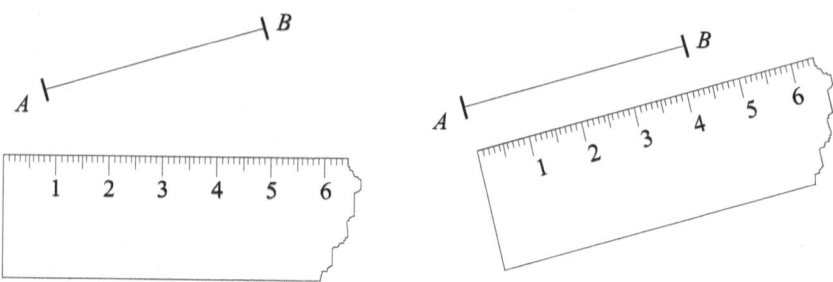

Figura 12.4 Medición de AB.

de la recta numérica sea un centímetro, estaremos convirtiéndola en un instrumento para medir.

Volvamos al problema con que iniciamos este capítulo. Se trata de medir la longitud del segmento AB dibujado. Podemos reformular el problema mediante la pregunta ¿cuántos centímetros mide el segmento AB?

Ahora el problema se reduce a disponer de una recta numérica, un ejemplar físico, cuyo segmento unidad corresponda con la longitud de un centímetro. Aplicamos dicho instrumento al segmento AB, como se ilustra en la Figura 12.4.

Como ya dijimos, el extremo B del segmento coincidirá con algún punto en la recta numérica, el número correspondiente a ese punto será la longitud de AB expresada en centímetros.

13

Decimales

Según la Figura 12.4, el segmento AB mide 4 cm y fracción. Esta fracción la expresaremos en términos de partes iguales en que dividimos el centímetro. Dividamos el centímetro en 10 partes iguales, cada una de ellas será 1/10 de centímetro. Vemos en la Figura 12.4 que en AB caben 4 cm, más 2/10 de centímetro y queda todavía un pequeño segmento sin medir. Si queremos lograr una mejor aproximación, dividiendo este décimo de centímetro en 10 partes iguales, obtendríamos un segmento de longitud igual a 1/100 de centímetro y si, mediante una lente de aumento, observáramos el pedazo que falta por medir, veríamos cuántos de estos centésimos de centímetro caben ahí, digamos que cupieran 7/100, entonces la medida del segmento expresada en centímetros sería:

$$4 + \frac{2}{10} + \frac{7}{100} + \text{(posiblemente) una fracción.}$$

Nótese que dependiendo de nuestros recursos tecnológicos podemos continuar este proceso y lograr *mejores aproximaciones* en nuestra medición. Como respuesta a la cuestión planteada al principio del Capítulo 12, podemos decir que el segmento mide aproximadamente $4 + \frac{2}{10} + \frac{7}{100}$ centímetros. Este número tiene como *expresión decimal* la siguiente:

$$4 + \frac{2}{10} + \frac{7}{100} = 4.27$$

Esto nos ilustra el significado de los números decimales. Los dígitos a la derecha del punto decimal representan, cada uno, el número a considerar de subsecuentes divisiones de la unidad en 10 partes iguales.

Así como dado un punto en la recta numérica localizamos su expresión decimal, que puede requerir, inclusive, una infinidad de divisiones subsecuentes, también, dada una expresión decimal, podemos localizar un punto en la recta numérica que sea su correspondiente. Lo ilustraremos con un ejemplo:

Ejemplo Localizar en la recta numérica el punto correspondiente al número decimal 2.375.

El punto estará situado a 2 unidades a la derecha del cero, más un segmento. Como en la Figura 13.1, dividamos el segmento que va de 2 a 3 en 10 partes iguales y ubiquemos el punto $2 + \frac{3}{10}$.

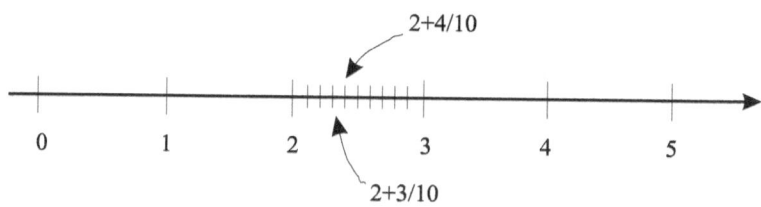

Figura 13.1 Décimas.

Ahora, según se ilustra en la Figura 13.2, dividamos el segmento que va de $2 + \frac{3}{10}$ a $2 + \frac{4}{10}$ en 10 partes iguales. Amplifiquemos la Figura 13.1 anterior.

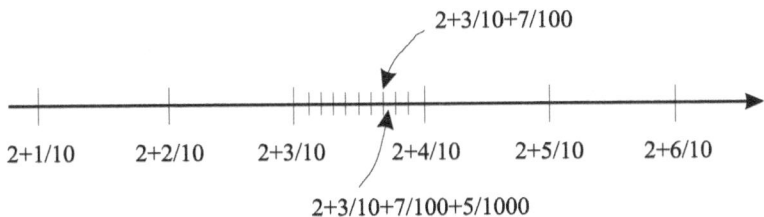

Figura 13.2 Centésimas y, con imaginación, milésimas.

En ese segmento contemos 7/100 y localizaremos el punto correspondiente a 2.37. Es difícil continuar, en la práctica, este proceso; si dividimos al centésimo en 10 partes iguales obtendremos milésimos y de ahí mediríamos 5 milésimas. El resultado sería la localización del punto, que, en la figura (13.2), hemos hecho de manera aproximada.

Hemos ampliado nuestro conjunto de números. Tenemos números naturales, enteros, fracciones y decimales. Los representamos todos en la recta numérica y con ellos podemos efectuar las operaciones elementales: suma, resta, multiplicación y división.

Pero estos decimales obtenidos de fracciones son peculiares, o terminan o se repiten.

Es decir al efectuar la división del numerador entre el denominador aunque obtenemos un resultado decimal, este proceso de división, en unos casos, termina. Por ejemplo, para $17 \div 5$,

$$
\begin{array}{r}
3.4 \\
5 \overline{\smash{)}17} \\
\underline{15} \\
20 \\
\underline{20} \\
0
\end{array}
$$

El resultado es $17 \div 5 = 3.4$.

13. Decimales

En otros casos no termina pero la expresión decimal en el cociente *se repite*, como en el caso de $19 \div 11$,

$$
\begin{array}{r}
1.7272\cdots \\
11\overline{\smash{)}19} \\
\underline{11} \\
80 \\
\underline{77} \\
30 \\
\underline{22} \\
80 \\
\underline{77} \\
30 \\
\underline{22} \\
80
\end{array}
$$

Si continuamos el procedimiento vemos que se repite 72. Aquí el resultado es $19 \div 11 = 1.727272\cdots$.

En lugar de escribir varias veces 72 y después los puntos suspensivos, lo hacemos así:

$$\frac{19}{11} = 1.\overline{72}.$$

Colocamos una barra sobre la parte de la expansión decimal que se repite, le llamamos *periodo*.

Pueden verificar, realizando el procedimiento de la división o con una calculadora, que

$$\frac{52}{495} = 0.1\overline{05}, \qquad \frac{9}{7} = 1.\overline{285714}, \qquad \frac{13}{108} = 0.12\overline{037}.$$

Toda fracción es un decimal que termina o uno periódico y a fracciones distintas les corresponden distintos decimales.

Cabría esperar que sucediera lo mismo en sentido contrario, es decir, que a cada decimal periódico le corresponda una fracción (eso sí es cierto) y que a decimales distintos les correspondan fracciones distintas (eso no es cierto).

Hay decimales periódicos que tienen diferente expresión y sin embargo son iguales. Nos referimos a las *colas de nueves*.

Sucede que
$$1 = 0.\overline{9}.$$

Lo cual es fácil de demostrar, sea

$$x = 0.\overline{9}$$
$$= 0.99999\cdots 999\cdots$$

Multiplicamos ambos lados por 10,
$$10x = 9.99999\cdots 999\cdots$$

Restamos la primera ecuación de la segunda,
$$10x - x = 9$$
$$9x = 9$$
$$x = 1.$$

De manera análoga podemos comprobar que

$$3.41\overline{9} = 3.42, \quad 0.8\overline{9} = 0.9, \quad 2.01\overline{9} = 2.02.$$

Para evitar esta situación de que dos expresiones decimales representen a una misma fracción, quitaremos las colas de nueves y así, será posible identificar las fracciones con los decimales periódicos (podemos asumir que los decimales que terminan son decimales periódicos, con periodo cero) y con puntos en la recta numérica.

Disponemos ahora de los números naturales $\mathbb{N}$, los números enteros $\mathbb{Z}$ y números racionales $\mathbb{Q}$, estos últimos expresados como fracciones cuyo numerador y denominador son *primos relativos*, es decir, que no tienen *factor común* (se les llama *fracciones irreducibles*), o como decimales periódicos (excluyendo las *colas de nueves*).

13. Decimales

Cada uno de estos números se representa como un punto en la recta numérica.

La pregunta que sigue es: *¿Cáda punto de la recta numérica representa uno de esos puntos?*

La respuesta es: *No.*

14

Irracionales

QUEDÓ PLANTEADO EL SUSPENSO al final del capítulo anterior: Disponemos de los números naturales, los enteros y los racionales (ya sea como fracciones o como decimales periódicos) y los representamos en la recta numérica. Es decir, cada número natural, entero o racional tiene un lugar, y sólo uno, en la recta numérica.

Ahora cabe preguntar: *¿Cáda punto de la recta numérica representa un natural o entero o racional?*

A diferencia de los números naturales y los enteros que están colocados de manera *discreta*, es decir están separados uno del *que sigue* por un segmento de longitud 1, los racionales están amontonados, dado un número racional no existe el número *que le sigue*, de hacho, dados dos números racionales hay entre ellos una infinidad de números racionales (son un *conjunto denso*).

¡Imaginen! Dados dos números racionales, por cercanos que nos parezcan (digamos 1 y 1.001) hay entre ellos una infinidad de números racionales[1]. Pensaríamos que hay tantos

---

[1] Su media aritmética $\frac{1+1.001}{2}$, es un racional; inducimos que entre dos racionales siempre hay uno y de ahí, que hay una infinidad.

14. IRRACIONALES

y tan amontonados que ocuparían toda la recta numérica.

La respuesta es: *No*.

Hay puntos en la recta numérica que no corresponden a números racionales.

Son los llamados *inconmensurables* por PITÁGORAS.

Son segmentos de recta cuya longitud no se puede medir según el procedimiento del Capítulo 12 de la página 38 de manera que el procedimiento termina o nos conduzca a un decimal periódico.

Localicemos al número $\sqrt{2}$ en la recta numérica.

Trazamos sobre la recta el cuadrado de lado igual al segmento unidad.

Por el teorema de Pitágoras, la longitud de la hipotenusa es $\sqrt{2}$.

Con centro en O y radio igual a la hipotenusa trazamos un arco hasta intersecar la recta ubicando así, el punto $\sqrt{2}$ sobre la recta.

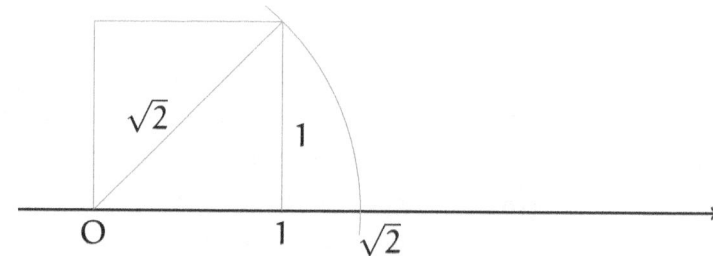

FIGURA 14.1 Ubicación de $\sqrt{2}$ en la recta numérica.

El número $\sqrt{2}$ no es racional, es imposible expresarlo como una fracción[2] *irreducible*. Se le llama *número irracional*.

---

[2] Se demuestra por *reducción al absurdo*; se parte de que *sí* es posible y se llega a una contradicción, concluyendo que la suposición inicial es insostenible y que, en efecto, no se puede expresar como fracción.

Y hay muchos más. De hecho hay *más* irracionales que racionales (¡no hablamos de gente ☺); ¿qué significa esto?

> Aunque ambos conjuntos, los racionales y los irracionales, son conjuntos infinitos, el infinito de los irracionales *es mayor* que el infinito de los racionales.

Dejemos para el siguiente capítulo esta discusión sobre los *infinitos*; por lo pronto hemos completado la identificación de los puntos de la recta numérica con números.

Los puntos en la recta numérica que no corresponden a números racionales (es decir, a decimales periódicos), les llamamos los *números irracionales* y corresponden a *decimales que nunca terminan*, pero que además no tienen periodo.

Además de $\sqrt{2}$, la longitud de la hipotenusa del triángulo rectángulo de lado 1,

$$\sqrt{2} = 1.414213562373095048801688724210\ldots,$$

que presentamos con 30 lugares decimales, otros números irracionales famosos son π, la razón de la circunferencia de un círculo a su diámetro

$$\pi = 3.141592653589793238462643383280\ldots$$

y e, la base de los *logaritmos naturales*,

$$e = 2.718281828459045235360287471353\ldots.$$

Se pueden formar números irracionales siguiendo patrones, como, por ejemplo, después del punto decimal colocar un 1 y después un 0, después un 1 y dos 0, después un 1 y tres 0, y así, después de cada 1 se aumenta un 0 más.

$$0.101001000100001000001\ldots.$$

14. Irracionales

> Juntos, los números racionales y los irracionales, forman el conjunto de los *números reales* denotados con la letra $\mathbb{R}$.

Así la recta numérica donde colocamos a los naturales, enteros y racionales, contiene también a los números irracionales. Le llamamos la *recta real*; se trata una recta orientada, que elegimos horizontal y orientada de izquierda a derecha, con un punto marcado como el *origen* o el número cero, a su derecha otro punto que asociamos con el natural 1; el segmento que va de 0 a 1 es el *segmento unitario*, es nuestra unidad de medición de longitudes.

Con la recta orientada y ubicado el segmento unitario podemos ubicar cualquier número entero; al dividir el segmento unitario en q partes iguales y tomando p de ellas, ubicamos la fracción $\frac{p}{q}$.

Los puntos que no representan fracciones son los números irracionales.

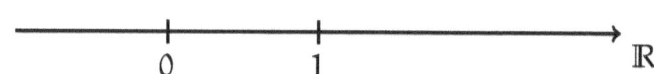

Figura 14.2 La recta real.

15

El continuo

De seguro les sorprendió la afirmación sobre los diferentes *tamaños* de infinitos, ¿no es así? En este capítulo daremos una breve introducción al tema. Usaremos al mínimo el lenguaje de los conjuntos[1]. Hay varias maneras de abordar el asunto, aquí lo haremos *contando*.

Recuerden que definimos los números naturales como

$$\mathbb{N} = \{0, 1, 2, 3, \ldots, n, n+1, \ldots\},$$

en donde incluimos al 0 como representante de los conjuntos sin elementos[2].

Ahora vamos a referirnos a los números *naturales positivos*, que denotaremos con el símbolo $\mathbb{N}^+$,

$$\mathbb{N}^+ = \{1, 2, 3, \ldots, n, n+1, \ldots\},$$

que son los números que usamos para contar.

A parir de estos números construimos un *segmento de naturales positivos* que representamos con S_n, como los primeros

---

[1] Ver López Mateos, *Conjuntos, lógica y funciones*.
[2] Dependiendo del autor y tipo de obra se definen los naturales incluyendo o no al 0.

n naturales positivos,
$$S_n = \{1, 2, 3, \ldots, n\}.$$

Usamos estos segmentos de naturales para contar. Decimos que un conjunto tiene n elementos si es posible ponerlo en correspondencia biunívoca con S_n.

La palabra *murciélago* tiene *diez* elementos pues hay una *correspondencia biunívoca*, a saber,

$$\begin{array}{ccccccccccc} m & u & r & c & i & e & l & a & g & o \\ \updownarrow & \updownarrow & \updownarrow & \updownarrow & \updownarrow & \updownarrow & \updownarrow & \updownarrow & \updownarrow & \updownarrow \\ 1 & 2 & 3 & 4 & 5 & 6 & 7 & 8 & 9 & 10 \end{array}$$

entre $B = \{m, u, r, c, i, e, l, a, g, o\}$ y S_{10}, luego la palabra tiene 10 letras.

Así, decimos que un conjunto es *finito* si es posible ponerlo en correspondencia biunívoca con *algún* S_n.

Y decimos que un conjunto es *infinito* si *no es finito*.

Así como distintos conjuntos finitos no necesariamente están en correspondencia biunívoca, es decir, no tienen el mismo número de elementos, así distintos conjuntos infinitos no necesariamente están en correspondencia biunívoca entre sí.

Veamos primero algunos que *sí* están en correspondencia biunívoca, por ejemplo los números naturales positivos y los números pares (que son múltiplos de 2), están en correspondencia biunívoca, los expresamos diciendo que tienen la misma *cardinalidad*.

$$\begin{array}{cccccc} 2 & 4 & 6 & 8 & \ldots & 2n & \ldots \\ \updownarrow & \updownarrow & \updownarrow & \updownarrow & & \updownarrow & \\ 1 & 2 & 3 & 4 & \ldots & n & \ldots \end{array}$$

A la cardinalidad de los números naturales se le representa con $\aleph_0$, y se escribe

$$|\mathbb{N}| = \aleph_0.$$

Así, la cardinalidad de los números pares también es $\aleph_0$.

Los números enteros también tienen la misma cardinalidad que los naturales.

E incluso los números racionales, a pesar de que son densos y no existe *el siguiente*, también se pueden contar, es decir, poner en correspondencia biunívoca con los naturales.

Es posible colocar todos los racionales (hablemos de los positivos) en una tabla, no en orden, formados, pues dado un racional no existe el siguiente, sino colocando primero una fila con todas las fracciones con deominador 1, a continuación las fracciones con denominador 2, después las que tienen denominador 3 y así sucesivamente.

Para contarlos seguimos el camino señalado por las flechas, saltando los previamente contados, por ejemplo la fracción $\frac{2}{2}$ ya fue contada con $\frac{1}{1}$, la fracción $\frac{2}{4}$ se contó con $\frac{1}{2}$, y así.

$$\begin{array}{ccccccc}
\frac{1}{1} \to & \frac{2}{1} & \frac{3}{1} \to & \frac{4}{1} & \frac{5}{1} \to & \frac{6}{1} & \frac{7}{1} \to \cdots \\
\frac{1}{2} & \frac{2}{2} & \frac{3}{2} & \frac{4}{2} & \frac{5}{2} & \frac{6}{2} & \frac{7}{2} \cdots \\
\frac{1}{3} & \frac{2}{3} & \frac{3}{3} & \frac{4}{3} & \frac{5}{3} & \frac{6}{3} & \frac{7}{3} \cdots \\
\frac{1}{4} & \frac{2}{4} & \frac{3}{4} & \frac{4}{4} & \frac{5}{4} & \frac{6}{4} & \frac{7}{4} \cdots \\
\frac{1}{5} & \frac{2}{5} & \frac{3}{5} & \frac{4}{5} & \frac{5}{5} & \frac{6}{5} & \frac{7}{5} \cdots \\
\frac{1}{6} & \frac{2}{6} & \frac{3}{6} & \frac{4}{6} & \frac{5}{6} & \frac{6}{6} & \frac{7}{6} \cdots \\
\frac{1}{7} & \frac{2}{7} & \frac{3}{7} & \frac{4}{7} & \frac{5}{7} & \frac{6}{7} & \frac{7}{7} \cdots \\
\vdots
\end{array}$$

Los conjuntos infinitos $\mathbb{N}$, $\mathbb{Z}$ y $\mathbb{Q}$ tienen cardinalidad $\aleph_0$.

15. El continuo

En el año de 1891 GEORGE CANTOR demostró[3] que los números decimales entre 0 y 1 no se pueden colocar en correspondencia biunívoca con los naturales, no tienen cardinalidad $\aleph_0$.

Pero los decimales entre 0 y 1 *sí* se pueden poner en correspondencia biunívoca con la recta real, es decir tienen la misma cardinalidad que los números reales. A la cardinalidad de los números reales, simbolizada con $\mathfrak{c}$, se le llama la *potencia del continuo*

$$|\mathbb{R}| = \mathfrak{c}.$$

A la cardinalidad de los conjuntos infinitos se les llama *números transfinitos,* y están *ordenados,* se representa con $\prec$, se escribe

$$\aleph_0 \prec \mathfrak{c}.$$

---

[3] Su famoso argumento llamado *diagonal* apareció en CANTOR, «Ueber eine elementare Frage der Mannigfaltigkeitslehre».

Bibliografía

CANTOR, George. «Ueber eine elementare Frage der Mannigfaltigkeitslehre». En: *Jahresbericht der Deutschen Mathematiker-Vereinigung* 1 (1890-1891), págs. 75-78.
URL: http://gdz.sub.uni-goettingen.de/pdfcache/PPN37721857X_0001/PPN37721857X_0001___LOG_0029.pdf.

LÓPEZ MATEOS, Manuel. *Conjuntos, lógica y funciones*. México: López Mateos Editores, 2017.
ISBN: 978-1548226718.
URL: https://www.amazon.com/Conjuntos-l%C3%B3gica-funciones-Matem%C3%A1ticas-Spanish/dp/1548226718/ref=sr_1_1?s=books&ie=UTF8&qid=1500126521&sr=1-1&keywords=conjuntos+logica+funciones.

Índice alfabético

algoritmo
    de la división, 27
aproximación, 43

Cantor, George, 56
cardinalidad, 54
cero, 17
cociente, 26
colas de nueves, 47
comparar, 1
conjunto, 2
    denso, 49
contar, 1
continuo
    potencia del, 56
correspondencia, 1
    biunívoca, 1

decimal, 44
    expansión, 46
    periódico, 46
decimales, 43
    que terminan, 47
denominador, 30
denso
    conjunto, 49

dígitos, 44
dirección, 7
dividendo, 26
división, 25
    algoritmo de la, 27
divisor, 26

elementos
    más, 2
enteros
    multiplicación, 20
    substracción, 13
    suma, 10
expansión
    decimal, 46
expresión
    decimal, 44

factor, 26
factor común, 24
fracción
    irreducible, 47
fracciones, 28, 30, 34

inconmensurables, 50
introducción, v

Índice alfabético

irracionales, 49
irreducible
    fracción, 47

mediciones, 38
medir, 38
metro, 41
multiplicación, 20

naturales
    segmento de, 53
naturales y enteros, 4
negativa
    dirección, 8
nueves
    colas de, 47
numerador, 30
número, 2
números
    decimales, 44
    enteros, 5
    irracionales, 49
    naturales, 4
    racionales, 30, 34
    transfinitos, 56

orientación, 7
origen, 7
oveja, 1

pareja, 2
pastor, 1
periodo, 46
piedras, 1
PITÁGORAS, 50

positiva
    dirección, 7
primos relativos, 47
producto, 20

racionales
    números, 30, 34
rebaño, 1
recta
    numérica, 7
    real, 52
residuo, 27
resta
    ¿de naturales?, 5
resto, 27

segmento
    de naturales, 53
    unidad, 50
signo, 12
signos, 17
simétrico, 17
simplificaciones, 36
substracción de enteros, 13
suma
    de enteros, 10
    de naturales, 5

transfinitos
    números, 56

unidad, 40
    de medición, 38
    segmento, 7, 50

Símbolos y notación

$\mathbb{N}$	el conjunto de los números naturales, $\mathbb{N} = \{0, 1, 2, 3, \ldots, n, n+1, \ldots\}$.	4, 47
$\mathbb{Z}$	el conjunto de los números enteros; para n natural positivo, $\mathbb{Z} = \{0, 1, -1, 2, -2, 3, -3, \ldots, n, -n, \ldots\}$.	5, 47
$\mathbb{Q}$	el conjunto de los números racionales, $\mathbb{Q} = \{(p, q) \mid p, q \in \mathbb{Z};\ q \neq 0,\ \mathrm{mdc}(p, q) = 1\}$.	34, 47
$\subset$	subconjunto, $A \subset B$, A es subconjunto de B.	34
$\mathbb{R}$	el conjunto de los números reales.	52
$\mathbb{N}^+$	el conjunto de los números naturales positivos, $\mathbb{N}^+ = \{1, 2, 3, \ldots, n, n+1, \ldots\}$.	53
S_n	segmento de naturales, $S_n = \{1, 2, 3, \ldots, n\}$.	53
$\aleph_0$	alef 0, cardinalidad de los números naturales, *alef* es primera letra del alfabeto hebreo. $\|\mathbb{N}\| = \aleph_0$	54
$\mathfrak{c}$	potencia del continuo, la cardinalidad de los números reales. $\|\mathbb{R}\| = \mathfrak{c}$.	56
$\prec$	precede, relación de orden.	56

www.ingramcontent.com/pod-product-compliance
Lightning Source LLC
Chambersburg PA
CBHW031545210526
45464CB00003B/1157